Bibliografische Information der Deutschen Nationalbibliothek:

Die Deutsche Bibliothek verzeichnet diese Publikation in der Deutschen National-
bibliografie; detaillierte bibliografische Daten sind im Internet über http://dnb.d-
nb.de/ abrufbar.

Impressum:

Copyright © 2017 GRIN Verlag, Open Publishing GmbH
Druck und Bindung: Books on Demand GmbH, Norderstedt Germany
ISBN: 9783668538436

Dieses Buch bei GRIN:

http://www.grin.com/de/e-book/373221/wildtiere-in-gefangenschaft-artgerechte-
haltung-oder-ein-ertraeglich-machen

Cora Ludwig

Wildtiere in Gefangenschaft. Artgerechte Haltung oder ein erträglich machen der Gefangenschaft?

GRIN Verlag

GRIN - Your knowledge has value

Der GRIN Verlag publiziert seit 1998 wissenschaftliche Arbeiten von Studenten, Hochschullehrern und anderen Akademikern als eBook und gedrucktes Buch. Die Verlagswebsite www.grin.com ist die ideale Plattform zur Veröffentlichung von Hausarbeiten, Abschlussarbeiten, wissenschaftlichen Aufsätzen, Dissertationen und Fachbüchern.

Besuchen Sie uns im Internet:

http://www.grin.com/

http://www.facebook.com/grincom

http://www.twitter.com/grin_com

FACHARBEIT
im Fach Biologie

Wildtiere in Gefangenschaft -
artgerechte Haltung oder ein erträglich machen der Gefangenschaft?

Verfasserin: Cora Ludwig

Ausgabetermin: 06.02.2017
Abgabetermin: 17.03.2017

Inhaltsverzeichnis

1. Einleitung

Immer häufiger wird das Thema Wildtierhaltung in Zoos, Vergnügungsparks und Zirkussen in den Medien öffentlich diskutiert und immer mehr Menschen denken darüber nach, ob das für die Tiere überhaupt gut und auch sinnvoll ist. Das Thema hat ethische, wirtschaftliche und biologische Aspekte. Im Rahmen dieser Arbeit soll insbesondere der biologische und ethische Aspekt behandelt werden.

Tierschützer behaupten, dass das Halten von Wildtieren in Gefangenschaft ethisch nicht vertretbar sei. Die Tiere würden sich ihr ganzes Leben in viel zu kleinen Gehegen mit nicht genug Beschäftigung langweilen und unnatürliche Verhaltensstörungen entwickeln.

Befürworter von Zoos halten jedoch dagegen, dass in den letzten Jahren viel verändert wurde. Aus kleinen Käfigen wurden große Gehege mit Beschäftigungsmöglichkeiten für die Tiere, um sie so artgerecht wie möglich zu halten. Außerdem gebe es doch genug Gründe, die für die Haltung von Wildtieren sprechen. Die Arten sterben aus und Zoos versuchen einen Beitrag zu leisten, um dies zu verhindern.

Doch wie groß ist das Leiden von in Gefangenschaft lebenden Wildtieren wirklich? Können Zoos Wildtieren überhaupt ein artgerechtes Zuhause bieten oder gestalten sie ihnen die Gefangenschaft nur erträglich?

All diese Aspekte werden im Zuge dieser Arbeit bearbeitet.

2. Historisches über Wildtierhaltung

2.1 Erste Formen der Tierhaltung

Der Mensch begann vor ungefähr 10.000 Jahren Tiere zu domestizieren. Am Anfang wurden Tiere ausschließlich zum Zweck der Ernährung gehalten.

Das Volk der Inder und der Sumerer hielten im dritten Jahrtausend vor Christus erstmals Tiere aus anderen Gründen. Antilopen und Elefanten wurden von ihnen aus religiösen Motiven gehalten.[1]

2.2 Die ersten Tiergärten

In der „Xia Dynastie" entstand 2000 v. Chr. am Hofe eines chinesischen Kaisers der erste Tiergarten. Es gab dort weder Zäune noch Käfige.

Auch in den Hochkulturen Ägyptens gab es Tiergärten. Sie galten als ein Zeichen der Macht. Wasserböcke, Gazellen und Strauße wurden dort hauptsächlich gehalten. Jedoch bekamen die weiblichen Herrscher damals als Zeichen der Wertschätzung auch andere Wildtiere wie Indische Elefanten oder Giraffen geschenkt.

Dann kamen wilde Tiere auch nach Europa. So brachten die Römer von ihren Feldzügen exotische Tiere mit in ihr Reich. Diese Tiere wurden als Attraktionen zum Beispiel bei Gladiatorenkämpfen im Kolosseum eingesetzt.[1]

2.3 Die ersten Menagerien

Im Rahmen der Kreuzzüge kamen exotische Tiere im Mittelalter nach Europa. Dort entstanden die ersten Menagerien, welche als die Vorläufer für die heutigen Zoologischen Gärten gelten.

Sie symbolisierten Macht und Einfluss des adligen Besitzers, zu dessen Hofstaat die Menagerien gehörten. Menschen, die dem Adel nicht angehörten, war ein Besuch höchstens an den Feiertagen erlaubt. Für den Adel dienten die Menagerien zur Unterhaltung. Die bekannteste Menagerie öffnete 1235 im Tower of London. In der Renaissance und dem Barock waren sie besonders beliebt. Die Tiere lebten in engen Käfigen, da die artgerechte Haltung zu der damaligen Zeit noch kein Thema war.

Der älteste Zoo der Welt, der auch heute noch existiert, befindet sich in Wien. Eröffnet

---

[1] http://www.planet-wissen.de

wurde er 1752 von Kaiser Franz Stefan. Der Berliner Zoo war der erste Zoo in Deutschland. Tiergärten gibt es heute überall auf der Erde auf allen Kontinenten. Insgesamt wird ihre Zahl auf rund 10.000 geschätzt. Dazu kommen noch unzählige Zirkusse und Vergnügungsparks.[2]

3.Gründe für Wildtierhaltung

3.1 Artenschwund

Über 80.000 Tier- und Pflanzenarten stehen inzwischen auf der Roten Liste der bedrohten Arten, veröffentlicht von der Weltnaturschutzunion (IUCN). Mehr als 20.000 davon sind vom Aussterben bedroht. Es ist eindeutig - die Artenvielfalt nimmt ab.

Aber warum ist das so? In fast allen Fällen ist Mensch der Auslöser des Artensterbens. Eine sehr intensive Landwirtschaft und die monokulturelle Bebauung der Ackerflächen zerstören die Böden und damit auch die dort natürlich lebenden Tier- und Pflanzenarten. Auch die intensive Anwendung von Insektiziden und Pestiziden beschleunigt den Artenschwund, denn diese Gifte töten nicht nur die gewollten Schädlinge, auch andere Tiere und Pflanzen fallen diesen zum Opfer.

Auch der Bau von Städten und Verkehrswegen zerstört Lebensräume für Flora und Fauna zerstört.

Insbesondere die Abholzung des Regenwaldes wird sehr vielen Tieren und Pflanzen zum Verhängnis, denn ungefähr 70 Prozent aller Tier- und Pflanzenarten weltweit finden dort ihr Zuhause. Abgeholzt werden die Regenwälder, weil die Fläche als Landwirtschafts- und Industrieland genutzt werden soll. Doch auch das Holz der Bäume ist sehr begehrt für Möbel oder auch Papier.

Aber nicht nur die Lebewesen am Land sind von dem Artenschwund betroffen. Viele Bewohner der Ozeane sind aufgrund von Verschmutzung und Überfischung gefährdet.

Touristen, die bedrohte Tiere wie Schlangen oder Wasserschildkröten als Trophäen tot oder lebendig der Wildnis entnehmen tragen auch zum Artensterben bei.

Dazu kommt noch, dass vielen bedrohten Tieren Heilkräfte zugesprochen werden, weswegen sie gegen einen hohen Preis gejagt, getötet und verkauft werden – insbesondere in asiatischen Ländern.[2]

Auch der Klimawandel bedroht viele Arten. So sorgt die Erderwärmung für ein

---

[2] www.planet-wissen.de

Abschmelzen der Polkappen und somit für die Zerstörung des Lebensraums der Eisbären. Doch auch Tiere im Regenwald leiden darunter, denn durch die Hitze verdorren die Regenwälder.[3]

3.1.1 Artenschutz im Zoo

Inzwischen haben es sich fast alle Zoos zur Aufgabe gemacht, die Arten auf diesem Planeten vor dem Aussterben zu schützen. Anders als vor noch einigen Jahren, wo Zoos in erster Linie zur Unterhaltung dienten.[4]

Zuchtprogramme in Zoologischen Gärten sollen das Überleben von bedrohten Tierarten sichern.

Es konnten so bisher einige bedrohte Arten nachgezüchtet werden, und teilweise sind auch schon Auswilderungen einzelner Tiere gelungen.[5]

Ein Beispiel dafür ist das goldene Löwenäffchen, welches Anfang der 1970er Jahre mit nur 200 freilebenden Tieren als fast ausgestorben galt. Durch erfolgreiche Zuchtprogramme konnten 1993 über 200 in Zoos lebende Löwenäffchen in Schutzgebiete frei gelassen werden. Seit 2003 gelten die Löwenäffchen nicht mehr als eine stark bedrohte Tierart.

Das Löwenäffchen ist nicht das einzige Tier, welches durch Zoos und ihre Zuchtprogramme vor dem Aussterben bewahrt wurden, auch andere Arten wie das Przewalski Pferd oder der europäischen Wisent haben den Zoos ihr Überleben zu verdanken.[6]

3.2 Zoos als Bildungsstätten

Nun gehört nicht nur der Artenschutz zu dem Aufgabenfeld der Zoologischen Gärten, sondern auch die Information der Besucher und der Öffentlichkeit über die Gründe des Artenschwundes. Das ist heute ein ganz wichtiges Tätigkeitsfeld.

Denn nur wer Tiere kennt wird Tiere schützen.

Fortschritte können im Naturschutz nur entstehen, wenn sich das Verständnis der Menschen für die Wechselbeziehung zwischen Lebewesen und der Umwelt erweitert. Dazu muss sich die Einstellung und Handlungsweise des Menschen ändern. Zoos werden also mehr und mehr zu Ausbildungszentren, denn gerade die Arbeit mit Schülern ist sehr

---

[3] www.demokratiewebstatt.at
[4] www.nabu.de
[5] www.zoo-hannover.de
[6] www.wwf.de

wichtig. Aus diesem Grund besitzen viele Zoos inzwischen sogenannte „Zooschulen". Sie stellen neben Informationsveranstaltungen für Schüler auch Unterrichtsmaterialien zur Verfügung.[7]

3.3 Naturschutz in Zoo

Immer mehr entwickeln sich Zoos zu Naturschutzzentren. Die Arbeit im Zoo wird zunehmend mit dem Naturschutz verbunden, dies kann direkt vor Ort oder im Ausland geschehen.

Hohe Besucherzahlen ermöglichen es den Zoos beispielsweise Spenden für viele Naturschutzprojekte zu sammeln. Außerdem leiten oder unterstützen sie Naturschutzprojekte. Durch eine enge Zusammenarbeit verschiedener Zoos und dem WWF (World Wide Fund For Nature) zum Beispiel ist es möglich geworden, dass heute wieder über 100 Bartgeier in freier Natur leben.

Ergänzend dazu ist es Zoos möglich Forschung zum Schutz der Natur im Freiland und auch im Zoo durchzuführen oder zu unterstützen.

Eine weitere Möglichkeit für Zoos dem Naturschutz beizutragen ist die Kommunikation durch Diskussionen mit der Regierung.[7]

3.4 Zoos als Erholungszentrum und Touristenattraktion

Neben den wissenschaftlichen Nutzen von Zoos heutzutage, haben Zoos in unserer industriellen Gesellschaft eine Erholungsfunktion für die Besucher.

Durch ihre gärtnerische Gestaltung, die Ruhezonen, Spielplätze für Kinder und Gaststätten wird eine angenehme Umgebung geschaffen, welche es den Menschen ermöglicht, dem Leben in der Stadt zu entfliehen. So wird eine positive Beziehung zu Natur und Tier aufgebaut.[7]

Zusätzlich dazu sind Zoos auch eine Touristenattraktion und eine wichtige Einnahmequelle für die Städte. Von 2008-2015 besuchten ungefähr 10,7 Millionen Menschen den Zoo in Hannover. Es ist also eindeutig, dass Zoos ein Magnet für Touristen sein können.[9]

---

[7] www.deutsche-tierparkgesellschaft.de
[7] www.deutsche-tierparkgesellschaft.de
[9] www.statista.com

4. Artgerechte Haltung von Wildtieren

In den letzten Jahren kritisieren Tierschützer das Halten von Wildtieren immer mehr. Sie behaupten, dass eine artgerechte Haltung in Gefangenschaft für Wildtiere unmöglich ist. Doch stimmt das wirklich? Wie sehr leiden Wildtiere in Gefangenschaft wirklich?

4.1 Artgerechte Haltung Definition

Das Tierschutzgesetz schreibt nach §2:

„Wer ein Tier hält, betreut oder zu betreuen hat,

1. muss das Tier seiner Art und seinen Bedürfnissen entsprechend angemessen ernähren, pflegen und verhaltensgerecht unterbringen,

2. darf die Möglichkeit des Tieres zu artgemäßer Bewegung nicht so einschränken, dass ihm Schmerzen oder vermeidbare Leiden oder Schäden zugefügt werden,

3. muss über die für eine angemessene Ernährung, Pflege und verhaltensgerechte Unterbringung des Tieres erforderlichen Kenntnisse und Fähigkeiten verfügen.“

Doch woran wird festgemacht, ob die Haltung artgerecht ist oder nicht? Laut Tschanz 1984 bedeutet dies, das „[...] (sich) keine gestörten körperlichen Funktionen, die auf Mängel oder Fehler in der Ernährung und Pflege zurückgeführt werden können, feststellen lassen.“[10]

4.2 Haltung von Wildtieren in Zoos

In den letzten Jahren haben sich die meisten Zoos weiterentwickelt. Aus kleinen engen Käfigen wurden größere moderne Gehege, welche dem natürlichen Lebensraum der Tiere nachempfunden ist. Doch trotz aller Bemühungen sind die Gehege vom Grundsatz her immer noch sehr weit entfernt von den natürlichen Lebensräumen der Tiere. Hauptsächlich unterscheiden sie sich in der Größe und dem Klima. Die Wassergräben, Naturböden, Pflanzen und künstliche Felsen in den Gehegen dienen also eher als Illusion für die Besucher.

Außerdem verändert sich die Umwelt in Zoos nur wenig bis überhaupt nicht, weshalb die Tiere wenig Möglichkeiten haben auf ihre Umwelt zu reagieren. Das hat zur Folge, dass die Tiere sich langweilen und nur stundenlang in ihren Gehegen rumstehen können. Daraus entwickeln sich Verhaltensstörungen.

---

[10] www.heimtierwissen.de

Um dies zu vermeiden, versuchen einige Zoos ihre Tiere durch das Verstecken von Nahrung und dem Einsatz von Beutesimulatoren zu beschäftigen, doch auch dies wird nach einiger Zeit zur Gewohnheit für die Tiere.

Oft passiert es auch, dass Tiere, die als Familiengruppe gut zusammenleben, getrennt werden müssen, weil es Platzmängel gibt oder weil Zuchtpläne dies vorschreiben.[11]

4.2.1 Am Beispiel des Eisbären

Eisbären gehören zu den größten Landraubtieren der Erde und sind perfekt an ihren Lebensraum am Nordpol angepasst. Jedes Jahr legen sie bei ihrer Nahrungssuche ungefähr 1.000 Kilometer zurück. Außerdem können sie hervorragend schwimmen. Dadurch kann sich ihr Lebensraum bis auf 200.000 Quadratkilometer ausbreiten. Eisbären verbringen die meiste Zeit allein. Nur zur Paarungszeit finden sich Männchen und Weibchen zusammen. Sind die Eisbärjungen geboren, bleiben sie noch ein bis zwei Jahre bei der Mutter, um von ihr alles Wichtige wie zum Beispiel Jagen zu lernen. Dann trennen sich ihre Wege wieder.[12]

Laut des Säugetiergutachtens 2014 beträgt die Mindestlandfläche für ein Eisbärpaar 400m², für jedes weitere Tier müssen noch 150m² zur Verfügung gestellt werden. Das Badebecken soll mindestens 2m tief und 100m² groß sein. Viele der Eisbäranlagen in Deutschland wurden jedoch in den letzten 17 Jahren umgebaut, somit haben diese inzwischen jeweils eine Gesamtfläche von 1000-3700m².[13]

Diese Zahlen mögen auf den ersten Blick recht groß erscheinen, vergleicht man diese jedoch mit dem natürlichen Lebensraum des Eisbären, welcher 200.000 Quadratkilometer beträgt fällt auf, dass selbst die größten Gehege in Zoos bei weitem dem natürlichen Lebensraum nicht gerecht werden können.

Außerdem werden Eisbären in Zoos oft in Paaren oder sogar noch größeren Gruppen gehalten. Dies entspricht ebenfalls nicht der Natur des Eisbären, denn eigentlich sind sie Einzelgänger. Der 2011 verstorbene Knut beispielsweise wohnte mit drei Eisbärdamen zusammen, welche ihm Stress bereitet haben. Einige Tierschützer gehen sogar so weit, dass sie behaupten die Gruppenzusammensetzung habe eine Mitschuld an seinem Tod. Der Zoodirektor streitet dies jedoch ab.[14]

---

[11] www.vier-pfoten.de
[12] www.vier-pfoten.de
[13] www.zoodirektoren.de
[14] www.sueddeutsche.de

4.2.2 Am Beispiel des asiatischen Elefanten

Der asiatische Elefant ist in der freien Natur in Süd und Südostasiens verbreitet. Es sind Tiere, die einem starken Bewegungsdrang unterliegen. Wenn sie auf Nahrungssuche gehen, legen sie täglich 50 km oder mehr zurück. Außerdem leben sie in sogenannten Sozialverbänden zusammen, welche von einer Elefantenkuh angeführt werden. Der Nachwuchs wird nicht nur von der Mutter aufgezogen. Die ganze Herde kümmert sich um die Jungtiere. Die weiblichen Tiere verbringen meist ihr ganzes Leben in der gleichen Herde. Männliche Tiere leben entweder allein oder in Bullengruppen. Oft begleiten sie auch weibliche Herden oder halten sich dort temporär auf.[15][16]

Das Halten von Elefanten in Gefangenschaft ist sehr kompliziert, denn es muss sehr auf das soziale Umfeld der Tiere geachtet werden.[16]

Für das Außengehege beträgt die Mindestgröße 2.000.m², jedem Tier soll hierbei 500 m² zur Verfügung gestellt werden. Für die Haltung der Bullen beträgt die Mindestgröße des Geheges 1.000 m². Im Innengehege muss es eine Freilauffläche sowie Einzelboxen geben, welche mindestens 330 m² groß sein sollten.[16]

Die Mindestgruppengröße beträgt vier Tiere, dies wird von einigen Zoos allerdings nicht erfüllt.

Generell wird die Haltung von Elefanten sehr kritisch gesehen, denn durch einige Zuchtprogramme werden Mütter von ihren Töchtern getrennt. Dies ist ein sehr unnatürlicher Zustand, denn in freier Natur geschieht so etwas fast nie. Außerdem ist trotz großer Bemühungen unmöglich Elefanten ein Gehege zu bauen, welches groß genug ist, denn sie legen täglich große Strecken zurück. Das führt zu Bewegungsarmut und fehlender Beschäftigung, was zu Verhaltensstörungen führen kann.[17]

5. Stereotypien bei Wildtieren in Gefangenschaft

5.1 Begriffsbestimmung

Stereotypien sind nicht natürliche Bewegungsabläufe, welche über einen langen Zeitraum permanent teilweise auch bis zu Ermüdung wiederholt werden. Bei diesen Verhaltensweisen ist kein Sinn zu erkennen. Sie werden von den Tieren grundlos

---

[15] www.elefanten.biz
[16] www.bmel.de
[17] www.tierschutzbund.de

durchgeführt. Dies unterscheidet Stereotypien von dem stereotypem Normalverhalten. Stereotypien sind also Verhaltensstörungen.

Stereotypien treten oft bei Wildtieren in Gefangenschaft und sehr selten bei freilebenden Tieren auf. Sie treten entweder objektbezogen oder als Leerlaufhandlung auf.[18]

5.2 Beispiele für Stereotypien

5.2.1 Elefant

Beim Elefanten tritt als Stereotypie meist das sogenannte „Weben" auf. Hierbei pendelt das Tier ununterbrochen mit dem Kopf hin und her. Dabei stehen die beiden Vorderbeine leicht gespreizt und die Pendelbewegung wird durch mitschwingen des Kopfes, Halses und des Vorderkörpers durchgeführt. Wird das Weben stärker durchgeführt, hebt das Tier zusätzlich noch die Vorderbeine im Takt des Kopfes . Diese Verhaltensstörung kommt nicht nur bei dem Elefanten vor, auch Eisbären oder auch landwirtschaftliche Tiere wie Pferde sind betroffen.[19]

Neben dem „Weben" zeigen Elefanten in Gefangenschaft noch weitere Verhaltensstörungen wie zum Beispiel ständiges Ablaufen derselben Strecke.[20]

5.2.2 Eisbär

Besonders Eisbären in Gefangenschaft sind sehr anfällig für Stereotypien.[21] Denn ein Gehege zu erbauen, welches den natürlichen Lebensraum eines Eisbären entspricht, ist so gut wie unmöglich, warum Tierschützer behaupten, es wäre unmöglich Eisbären artgerecht zu halten ohne, dass sie Stereotypien entwickeln.[22]

Die am meisten beobachteten Stereotypien beim Eisbären sind wie beim Elefanten Bewegungsstereotypien (Hin- und Herlaufen) oder das oben erläuterte „Weben".[19]

5.3 Entstehung von Stereotypien

Tiere reagieren aktiv auf ihre Umwelt. Das heißt, wenn sich die Umwelt verändert, passen sie sich an oder verändern Sie nach Bedarf. In Gefangenschaft verändert sich die Umwelt

---

[18] BABETTE KUHFAHL S.3
[19] KUHFAHL 2001 S.3
[20] www.european-elephant-group.com
[21] HELLINGER 2000 S.8
[22] www.youtube.com Hinter den Kulissen von Deutschen Zoos

für die Tiere kaum bis gar nicht, deswegen kann es dort vorkommen, dass ein Tier motiviert ist ein bestimmtes Verhalten durchzuführen, was aber in Gefangenschaft nicht möglich ist. Also: obwohl die Tiere durch endogene und exogene Reize bereit sind eine Handlung durchzuführen, kommt es nicht zu der triebverzehrenden Endhandlung. Damit das Tier mit solchen Situationen umgehen kann, besitzt es sogenannte Coping-Strategien. Kann das Tier sich nicht aus der frustrierenden Situation befreien, sucht es also nach anderen Möglichkeiten. Am Anfang kommt es oft zu aggressivem Verhalten. Sperrt man ein Wildtier zum ersten Mal in ein Gehege, wird es zunächst versuchen sich zu befreien. Merkt das Tier jedoch, dass dieses Verhalten erfolglos ist, stoppt es „[...] jeden Versuch, [...] die Umwelt durch sein Handeln zu verändern."(KUHFAHL 2001 S.5 Z.2) Danach folgt ein passives Verhalten von dem Tier. Über kurz oder lang beginnt das Tier jedoch mit einer Suche „[...] nach neuen Verhalten auslösenden Reizen."(KUHFAHL 2001 S.5 Z.4) Hieraus entwickeln sich dann fertige Stereotypien. Zusammenfassend kann man sagen, dass Stereotypien auftreten, wenn Tiere daran gehindert werden, Probleme mit ihren natürlichen Verhaltensweisen zu lösen. Die Bedingungen dafür sind also Stress, Frustration und unlösbare Konflikte. Das Tier versucht seine Erregung durch stereotypes Verhalten zu lindern.[23]

Andere Gründe für stereotypisches Verhalten kann Langeweile, soziale Isolation (oft beim Elefanten vorkommend durch ihr ausgeprägtes Sozialverhalten), starke Erregung, oder ungenügende Rückzugsmöglichkeiten sein. Die Tiere entwickelt dadurch Stress und Aversionen. Diese Konflikte sind alle auf unzureichende Haltungsbedingungen zurückzuführen.

Selbst nachdem die Gründe für das stereotype Verhalten der Tiere entfernt wurde, dauert das Verhalten dennoch an. Tiere, die in Gefangenschaft geboren wurden, schaffen es in der Regel nicht diese Verhaltensweisen wieder abzulegen.

In seltenen Fällen entstehen Stereotypien durch Vitaminmangel Krankheiten oder Parasiten.[24]

5.4 Auswirkung von Stereotypien

Neben der enorm großen psychischen Belastung können Stereotypien auch zu physischen Schäden führen. Die Körperteile, welche beim Durchführen der Stereotypien beansprucht werden, werden abgenutzt, da sie meist stundenlang die gleiche Bewegung

---

[23] KUHFAHL 2001 S.4-5
[24] HELLINGER 2000 S.2-3

durchführen. Diese Abnutzung kann Schmerzen bei dem Tier verursachen.[25]

5.5 Zusammenhang zwischen Stereotypien und Leiden

Da man Leiden unterschiedlich definieren kann, ist es schwer eine allgemeine Aussage zu treffen, ob Stereotypien leiden bedeutet. Es ist jedoch wissenschaftlich erwiesen, dass Stereotypien bei in Gefangenschaft gehaltenen Wildtieren für ein vermindertes Wohlbefinden der Tiere auf psychischer und/oder physischen Ebene sprechen.

Je stärker und intensiver das stereotypische Verhalten durchgeführt wird, desto mehr ist das Wohlbefinden des Tieres beeinträchtigt.[26]

6. Auswirkung von Gefangenschaft auf Wildtiere

Neben Stereotypien hat die Gefangenschaft noch andere Auswirkungen auf die Tiere.

So sinkt die Lebenserwartung von den meisten Wildtieren in Zoos immens. Afrikanische Elefanten leben in der freien Wildbahn durchschnittlich 54 Jahre. Die Durchschnittliche Lebenserwartung in Zoos liegt bei 17 Jahren.[27]

Auch Selbstverstümmelung ist keine Seltenheit bei Wildtieren in Gefangenschaft. Sogar Suizid ist schon vorgekommen. Ein Orca namens Hugo rammte 1980 sein Kopf mehrmals gegen die Wand und starb an den Folgen.[27][28]

Die psychische Belastung von in Gefangenschaft lebenden Wildtieren kann also sogar so weit gehen, dass sie sich selbst töten oder verletzen wollen.

7. Gefangenschaft von Wildtieren Gefahr für den Menschen

Immer wieder liest man davon in den Nachrichten, dass Menschen von in Gefangenschaft lebenden Wildtieren getötet oder verletzt werden. Solche Vorfälle kommen nicht nur in mit in Gefangenschaft lebenden Wildtieren in Zirkussen vor, auch in Zoos und Aquarien sind solche Vorfälle keine Seltenheit. Sogar Tiere, die in freier Wildbahn keine Gefahr für den Menschen dar stellen, werden in Gefangenschaft teilweise aggressiv dem Menschen gegenüber.

---

[25] HELLINGER 2001 S.7-8
[26] www.PETA.de
[27] www.PETA.de
[28] www.20min.ch

7.1 Am Beispiel des Schwertwals „Tilikum"

Neben Zoos gibt es weltweit auch noch zahlreiche Aquarien und Aquaparks, in denen Wildtiere aus dem Meer wie Orcas oder Seelöwen zur Schau gestellt werden.

In so einem Aquarium hat der Orca Tilikum fast sein ganzes Leben verbracht, nachdem er als Jungtier aus dem Meer entnommen wurde.

Seine erste Zeit in Gefangenschaft verbrachte er in einem kleinen Vergnügungspark mit dem Namen „Sealand". Dort lebte er mit zwei anderen weiblichen Orcas in einem sehr kleinen Becken zusammen. Die beiden Orca-Damen waren sehr dominant und attackierten und verletzten Tilikum regelmäßig. Sein Futter bekam er, wenn er den Trainern gehorchte und die Tricks in den Shows richtig zeigte. Achtmal am Tag mussten die Orcas die Show stündlich vorführen. Die Nacht verbrachten die drei in einem 6 Meter breiten und 9 Meter tiefen Modul, denn ihr Becken war nur durch ein Netz von dem Meer getrennt und die Angst war zu groß, dass jemand die Schwertwale befreit. Das Modul war jedoch komplett dunkel und viel zu eng für drei heranwachsende Orcas. Die ehemaligen Besitzer berichten, dass Tilikum am nächsten Morgen oft verletzt war. Die Verletzungen haben ihm seine Mitbewohnerinnen zugefügt. All diese Dinge führten dazu, dass sich bei Tilikum eine Psychose entwickelt hat. Diese Psychose führte dazu, dass er die Teilzeitangestellte Keltie Byrne, am Bein packte und unter das Wasser zog, als sie aus versehen in das Becken fiel.

Nach diesem Vorfall musste Sealand schließen und Tilikum wurde an die Kette SeaWorld verkauft, die in den USA große Aquarien an mehreren Standorten unterhält. Trotz des Vorfalls mit Tilikum bei Sealand tritt er auch dort in Shows auf. Doch der nächste Vorfall lässt nicht lange auf sich warten. Ein Besucher lässt sich über Nacht im Park einschließen und wird am nächsten Morgen tot mit Bissverletzungen und Knochenbrüchen in Tilikums Becken aufgefunden. Die Betreiber von Seaworld gaben nach diesem Vorfall dem Besucher die Schuld und nutzten Tilikum weiterhin für Shows und auch als Zuchtbullen. 2010 dann der nächste Angriff von Tilikum auf einen Menschen. Die erfahrene Trainerin Dawn Brancheau wird von Tilikum schwer verletzt und ertränkt. Seaworlds Reaktion auf den Vorfall war die Isolation von Tilikum für ein Jahr in einem viel zu kleinen Becken. Danach wurde er allerdings wieder für Shows eingesetzt."[29]

2016 erkrankte er an einer bakteriellen Infektion, woran er Anfang 2017 nach 33 Jahren in Gefangenschaft verstarb.[30]

---

[29]   „Blackfish" Dokumentation 2013
[30]   www.seaworldcares.com

Tilikum ist jedoch kein Einzelfall. Es gibt über 100 dokumentierte Zwischenfälle mit Orcas, bei denen Menschen entweder starben oder verletzt wurden. In freier Wildbahn gibt es nicht einen offiziellen Fall, bei dem ein Orca einem Menschen Schaden zugefügt hat. Umgekehrt jedoch zahlreiche.[31]

7.2 Schwertwale kein Einzelfall

Schwertwale ist nicht die einzige Tierart bei der es tödliche Übergriffe auf den Menschen in der Vergangenheit gab. Auch in deutschen Zoos sind Tierpfleger ihren Tieren schon zum Opfer geworden. Im Kölner Zoo 2012 beispielsweise entkam ein Tiger durch eine offen stehende Sicherheitsschleuse und verletzte seine Tierpflegerin so schwer, dass sie im Krankenhaus starb. Der Zoodirektor sah keinen anderen Ausweg und erschoss den Tiger. Sogar ein Otter verletzte eine Putzfrau im Hamburger Tierpark 2012 lebensgefährlich. Und auch mit Nashörnern, Löwen, Leoparden und Elefanten gab es in europäischen Zoos Zwischenfälle bei denen teilweise sehr erfahrene Tierpfleger schwer verletzt oder getötet wurden.[32]

7.3 Ursache für die Überfälle

Nun stellt sich die Frage wer hat Schuld in solchen Fällen. Kann man dem Tier die Schuld geben? Oder sind die angegriffenen Menschen Schuld, weil sie Fehler in dem Umgang mit dem Tier gemacht haben?

Im Nachhinein wird von den Zoos in der Regel behauptet, dass die Pfleger Schuld an den Übergriffen waren, sie sollen Fehler gemacht haben, welche die Tiere dazu brachten sie anzugreifen. Sogar in dem Fall von Dawn Brancheau wurde dies behauptet. Hinterher stellte sich raus, dass sie keine Fehler im Umgang mit dem Wal gemacht hat. Die Ursache für den Überfall bleibt also unklar.

Ehemalige Trainer von Tillikum glauben, dass er so oft aggressiv seinen Trainern gegenüber war, weil er frustriert war. Er hatte kein Ventil um mit dieser Frustration umzugehen weswegen er vermutlich keinen anderen Ausweg gesehen hat. Dies spricht für alle in Gefangenschaft lebenden Tiere.

Es ist also schwer in solchen Fällen einen klaren Schuldigen zu finden. Es können Fehler der Trainer sein oder Verzweiflungsakte der Tiere.[33]

---

[31] http://www.orcahome.de
[32] www.handelsblatt.com
[33] „Blackfish" Dokumentation 2013

8. Fazit

Die Arten auf unserem Planeten sterben aus, darüber gibt es keine Diskussion. Aber sind Zoos der richtige Weg um dem entgegenzuwirken? Ich denke nicht. Die meisten Tiere die heutzutage im Zoo leben wurden auch dort geboren. Sie kennen kein anderes Leben als in Gefangenschaft. Es ist fast unmöglich ein solches Tier wieder auszuwildern. Sie haben nie gelernt ohne menschliche Hilfe zu überleben. In freier Wildbahn würden diese Tiere nicht lange überleben. Damit möchte ich nicht sagen, dass man die Tiere nicht schützen soll, bloß, dass das Gefangen halten von Tieren in Zoos welche tausende Kilometer von ihrem natürlichen Lebensraum entfernt ist den Tieren nicht viel hilft.

Viel mehr sollte man sich auf Artenschutz Projekte vor Ort konzentrieren.

Eine weitere Aufgabe des Zoos soll die Information der Besucher über den Artenschutz und über wilde Tiere generell sein, denn wenn der Mensch die Tiere nicht kennt wird er sich wahrscheinlich auch nicht für sie einsetzen. Inzwischen leben wir allerdings in einer sehr modernen und technischen Welt, wodurch es dem Menschen möglich gemacht wurde Tiere auch in ihrem Natürlichen Umfeld zu beobachten und zu filmen. In jedem Dokumentar- Film sieht man das natürliche Verhalten der Tiere besser als in jedem Zoo. Es stehen inzwischen zwar in den meisten Zoos Info Tafeln in denen der Artenschwund und die Gründe dafür erläutert werden, jedoch zeigen die wenigsten Menschen Interesse an diesen Tafeln, was ich bei meinem eigenen Besuch im Zoo Hannover beobachtet habe. Eventuell wäre es für Zoos möglich den Menschen die Folgen des Klimawandels gut zu zeigen. Doch durch ein paar wenige Tafeln ist dies definitiv nicht getan.

Fast jedes Wildtier in Gefangenschaft zeigt Verhaltensstörungen (Stereotypien). Diese sind definitiv ein Zeichen für ein vermindertes Wohlbefinden der Tiere. Es hat sich zwar viel Getan in der Gestaltung der Gehege in den letzten Jahren, doch für das Tier hat sich nicht viel verändert. Eingesperrt sind sie noch immer. Mit dem Unterschied, dass die Besucher des Zoos das Gefühl haben das Tier würde artgerecht gehalten werden, denn es sieht ja fast so aus wie in Afrika. Die Elefanten jedoch sind noch immer in einem viel zu kleinem Gehege eingesperrt. Denn artgerechte Haltung ist meiner Meinung nach für Wildtiere in Zoos unmöglich. Wie möchte man einen Eisbären in einem 10.000m² großen Gehege artgerecht halten, wenn sie normalerweise ein 200.000 Quadratkilometer großes Gebiet bewohnen. Dasselbe gilt für Elefanten, Leoparden, Schwertwale etc.

Es ist also offensichtlich, dass die Haltung in Zoos für Wildtiere nicht artgerecht ist und auch nicht sein kann. Selbst im Zoo Hannover ein Zoo welcher als sehr schön und artgerecht gilt konnte ich bei dem Elefantenbullen und dem Leoparden Verhaltensstörungen beobachten. Es ist also egal wie sehr der Mensch es versucht Wildtiere werden in Gefangenschaft immer leiden.

Sperrt man nun Wildtiere zu Artenschutz oder Bildungszwecke ein hilft das vielleicht dem schlechten Gewissen der Menschheit, denn wir sind schließlich der Grund weshalb die Lebensräume der Tiere zerstört werden. Halten wir diese Tiere nun in Gefangenschaft erhalten wir zwar ihre Art aber zu welchem Preis? Wie viele Generationen von Eisbären müssen in Gefangenschaft leiden bis sie eventuell irgendwann in ihren natürlichen Lebensraum ausgewildert werden können, falls dies überhaupt möglich ist. Der Mensch sollte die Tiere um des Tieren Willens schützen wollen und nicht des Menschen Willens und ich bin mir sicher es ist nicht im Sinne der Tiere sie ihr Leben lang einzusperren.

Die Tatsache, dass Tiere, die in der Wildnis dem Menschen noch nie etwas böses getan haben, in Gefangenschaft auf einmal beginnen Menschen anzugreifen zeigt wie frustriert und verzweifelt Wildtiere in Gefangenschaft wirklich sind.

Die Haltung von Wildtieren in Gefangenschaft ist meiner Meinung nach also niemals artgerecht. Selbstverständlich fühlt sich ein Tiger in einem größeren Gehege wohler als in einem kleinen Käfig. Doch trotzdem ist und bleibt es ein erträglich machen der Gefangenschaft. Denn es bleibt ein eingezäuntes Gehege ein Umfeld in denen das Tier seine natürlichen Verhaltensweisen nicht ausführen kann dadurch frustriert wird und Verhaltensstörungen entwickelt, welche definitiv zeigen, dass es dem Tier nicht gut geht.

Um den Menschen über den Klimawandel und den Artenschwund zu informieren gibt es durch die moderne Technik heutzutage wunderbare Mittel um dies zu tun. Dafür muss man keine Tiere einsperren und sie ihr Leben lang damit quälen.

Literaturverzeichnis

Literatur:

Benedicta Maria Hellinger

„Stereotypien bei Zootieren und die Therapie mit Antidepressiva – Eine Fallstudie", 2000

Babette Kuhfahl

„Stereotypien bei landwirtschaftlichen Nutztieren: Macke oder Problem?", Seminararbeit, 2000

Internetquellen:

https://www.bmel.de/SharedDocs/Downloads/Tier/Tierschutz/GutachtenLeitlinien/HaltungZirkustiere.pdf?__blob=publicationFile
(11.03.2017)

https://www.demokratiewebstatt.at/thema/thema-umwelt-und-klima/warum-sterben-tiere-aus/
(15.02.2017)

http://www.elefanten.biz/elefanten_in_natur.htm
(11.03.2017)

http://www.european-elephant-group.com/files/PDF/28_dornbusch_stereotypievergleichzooundcircus.pdf
(12.03.2017)

http://www.handelsblatt.com/panorama/aus-aller-welt/raubtierhaltung-toedliche-unfaelle-in-europaeischen-zoos/8820924.html
(14.03.2017)

https://www.nabu.de/tiere-und-pflanzen/artenschutz/zoos.html
(15.02.2017)

http://www.peta.de/eisbaerstereotypie
(12.03.2017)

http://www.peta.de/zoo-hintergrund
(12.03.2017)

http://www.planet-wissen.de/natur/umwelt/artensterben/index.html
(15.02.2017)

http://www.planet-wissen.de/natur/tier_und_mensch/zoos/pwiegeschichtedeszoos100.html
(12.02.2017)

https://seaworldcares.com/tilikum
(12.03.2017)

http://www.sueddeutsche.de/panorama/nach-dem-tod-des-eisbaeren-damen-trio-mobbte-
knut-1.1075337
(11.03.2017)

https://de.statista.com/statistik/daten/studie/248598/umfrage/besucherzahlen-des-zoo-
hannover/
(06.03.2017)

https://www.tierschutzbund.de/zoo-elefanten-haltung.html
(11.03.2017)

file:///C:/Users/Mobil/Downloads/RL%20WZACS_kurz.pdf
(04.03.2017)

https://www.vier-pfoten.de/themen/wildtiere/zoo/wildtiere-im-zoo/
(11.03.2017)

https://www.vier-pfoten.de/themen/wildtiere/zoo/wildtiere-im-zoo/eisbaerenhaltung/
(11.03.2017)

https://www.wwf.de/fileadmin/fm-wwf/Publikationen-PDF/Hintergrund_Zoos_und_Artenschutz.pdf
(04.03.2017)

http://www.zoodirektoren.de/index.php?option=com_k2&view=item&id=112;eisbaer-ursus-maritimus
(11.03.2017)

https://www.zoo-hannover.de/de/tiere/Zuchtprogramme-EEP-ESB-Erlebnis-Zoo-Hannover#eep
(04.03.2017)

http://www.20min.ch/panorama/news/story/25061948
(12.03.2017)

Filmquellen:

Manuel Oteyza, Gabriela Cowperthwaite
„Blackfish" Dokumentar-Film, 2013

Antonia Coenen, Tanja Hübner und Dirk Bitzer
„Zoogeschichten passiert wirklich mit Eisbär, Elefant & Co?", 2011